园林造景与小品硬笔画法

野 石 著

中国建筑工业出版社

图书在版编目(CIP)数据

园林造景与小品硬笔画法／野石著．—北京：中国建筑工业出版社，2008
 ISBN 978-7-112-09873-6

Ⅰ．园… Ⅱ．野… Ⅲ．园林艺术-绘画-技法(美术) Ⅳ．TU986.1

中国版本图书馆 CIP 数据核字（2008）第 016452 号

责任编辑：陈小力
责任校对：王雪竹 安 东

园林造景与小品硬笔画法
野石 著
＊
中国建筑工业出版社出版、发行（北京西郊百万庄）
各地新华书店、建筑书店经销
北京嘉泰利德公司制版
北京市密东印刷有限公司印刷
＊
开本：889×1194 毫米 1/20 印张：7⅗ 字数：200 千字
2008 年 6 月第一版 2008 年 6 月第一次印刷
印数：1—2500 册 定价：**24.00** 元
ISBN 978-7-112-09873-6
　　(16577)

版权所有　翻印必究
如有印装质量问题，可寄本社退换
（邮政编码 100037）

前言

园林是一门艺术与功能相结合的造型艺术。

园林景观与文学、建筑、环境、历史、绘画等紧密相关，互相影响。在我国，许多优秀的古典园林都与绘画有着密切的关系，因此古有以画入园、因画成景之说，甚至一些山水画家就是造园高手。园林景观体现的是空间艺术，是人们能够步入其中的艺术，它需要景观设计者具备一定的造型能力和空间想像能力，而这些是要通过一定的方法和认识来完成的，这就是绘画。绘画能够提高景观设计者的审美及造型能力，硬笔绘画是园林景观设计中的一种表现形式，常见的硬笔包括铅笔、钢笔、针管笔、中性笔和蘸水笔等。

现在我们将中性笔表现形式运用到园林景观绘画中。中性笔是一种简便易携带的工具，没有钢笔下水不畅的问题，虽然工具简单，却有着丰富的表现力。中性笔同铅笔素描是一样的，能体现出黑白关系、虚实关系。中性笔表现出的空间效果由各种线条的疏密来体现，线条的组织对表现效果的影响很大，因此对不同质感的物体应采取不同的用笔和用线手法。

本书对景观和建筑专业方向的学生及设计师均有极大的参考价值。

目录

中性笔表现手法 …………… 001
中性笔 …………………………… 002
线段的练习 ……………………… 003
树的画法 ………………………… 004
树干画法 ………………………… 005
树叶画法 ………………………… 006
一般树画法 ……………………… 007
松树画法 ………………………… 008
枫树画法 ………………………… 009
竹子画法 ………………………… 010
柳树画法 ………………………… 011
藤蔓植物画法 …………………… 012
造型植物画法 …………………… 013
杉木画法 ………………………… 014

近树、中景树及远景树画法 …… 015
草的画法 ………………………… 016
水的画法 ………………………… 017
瀑布画法 ………………………… 017
叠水的画法 ……………………… 021
湖面水的画法 …………………… 025
山石画法 ………………………… 028
灵璧石画法 ……………………… 029
壮锦石画法 ……………………… 030
太湖石画法 ……………………… 031
片石画法 ………………………… 032
秀石画法 ………………………… 033
磐石画法 ………………………… 034
综合景观及写生作品 ………… 035

中性笔表现手法

中性笔

中性笔有粗细之分,常见笔头直径有 0.38mm、0.5mm、0.7mm 等,在表现不同对象时可根据情况选用粗细不同的画笔,如画针叶植物时可选用笔头直径 0.7mm 的中性笔,在画一些叶型较小的植物(如女贞、黄杨)时适合选用笔头直径 0.38mm 或 0.5mm 的中性笔,不同的笔能增加画面的表现力。

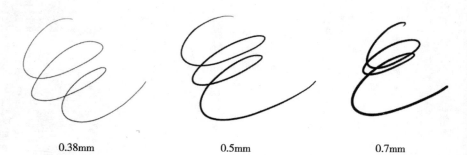

0.38mm   0.5mm   0.7mm

线段的练习

1. 直线练习

直线在园林绘画中运用较多，线条表现得成熟与否直接影响画的质量，因此我们应多作长线、短线、斜线、组合线、转折线等线段练习，练习到能将线段随心所欲地运用。

2. 曲线练习

多作曲线练习对表现园林植物有很大帮助，曲线可分为短曲线、长曲线、圆曲线、角曲线等，画这些线时应注意线条的流畅性，回转要自然不僵硬。

树的画法

　　树木在园林造景中担任着极其重要的角色。树木是自然界生命的象征，地球上森林植被的减少直接威胁着人类的生存。光山秃岭、沙漠荒滩，使人望而却步，能够引起人们游览兴致的自然景观大都有树木覆盖。树木亦是山水生命气象之表征，它在人类的生命进程中起着极为重要的作用，衣食住行都离不开它。有了树木，大地就显得生机勃勃，山川就显得姿态绰约，从而引起了人们对自然的美好向往。

　　树的种类丰富，形象变化多，在画树时要注意捕捉树的姿态和动势，既要表现树的共性特征，又要表现出它们的个性。大体上树的外形有：球体、椭圆体、半球体、多球体、自然形式等，因此园林植物在景观中是比较难表现的，只有多练习、多写生、多体悟、多感受自然的灵性，才能巧妙地将技法运用到你所表现的园林景观绘画中。当然，我们也需要善于总结和归纳怎样把园林景观用绘画语言表现出来。

树干画法

初学画树，应先从树干较大枝画起。在勾大形时便考虑到分枝、曲节、疤节等体貌特征。对于用笔顺序，可以先画树身，也可先画分枝处大枝。行笔可自上而下，多转折，要注意轻重快慢。起手落笔，顺手即可，不必拘泥。枝在主干前先画枝后画干，干在枝前可先画干后画枝，亦可先画后枝再画前枝，不必定死。至于用笔顺序、起笔位置、行笔的指向等，熟练之后可任意变化。

树种不同，其树干形态不同。如：油松树干挺拔，表皮呈鳞状；白皮松表皮呈花斑状剥落；槐树分支较低，树皮纵裂等。要认真观察，在用笔上加以区分。

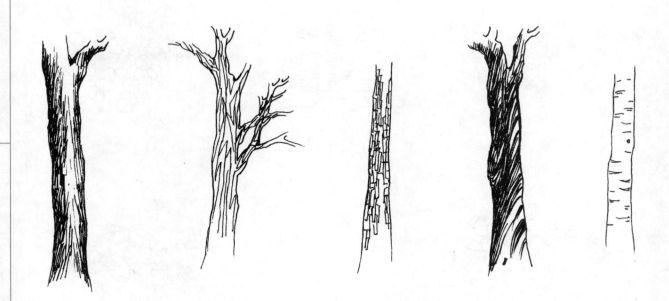

树叶画法

中国画画树叶有"攒三聚五"之说,就是要使树叶三五成群、参差错落,而不要单摆浮搁,互不相关。在用中性笔画时可按树叶的自然形态加以概括画出,一般有圆滑曲线、尖锐线条、圆形、三角形、乱线等。其中乱线画法比较灵活、生动,更适于表现树叶,但要注意乱线并不是杂乱无章,而是乱中有序。同时要多写生、多观察植物叶子的不同形态,对画好叶子有很好的帮助。

画树叶应注意以下几点:一、明晰每一种叶的组织结构,通过灵活多变的巧妙用笔来逐一表现。同时注意每组树叶的排列及错综关系,有疏有密、有松有紧、有浓有淡;二、自如灵活,不能拘谨窘迫;三、画叶重梢头,易得神采。注意与枝干的关系,叶与枝干要不即不离,同时又要"抱定树身",不造成松散凌乱;四、结合生活观察分析客观物象,加深对叶子形态的理解。

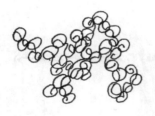

圆滑曲线

尖锐线条

圆形

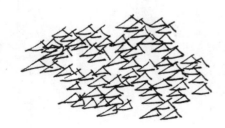

三角形

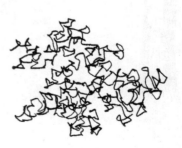

乱线

一般树画法

　　一般树画法只是在用笔上有些区别，如快慢、转折、圆线、尖线、棱角线等，表现协调不乱就可以了。除了一些有特点的树外，许多品种的树画时手法相近。

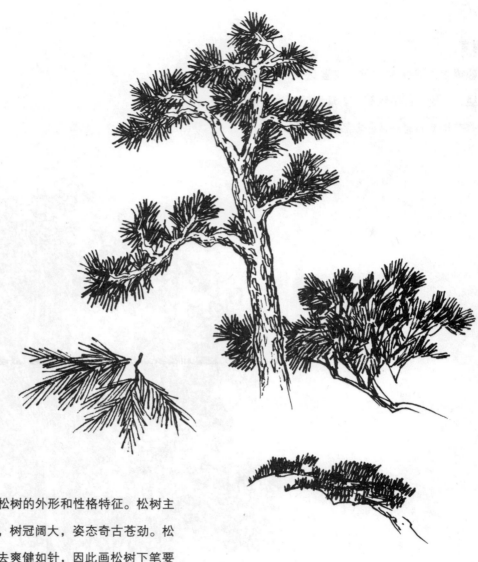

松树画法

　　画好松树必须了解松树的外形和性格特征。松树主干挺直，枝多横向伸展，树冠阔大，姿态奇古苍劲。松叶呈线形或针形，看上去爽健如针，因此画松树下笔要确定，组线要有序，线条粗细要基本均匀，排列要有疏有密，不可乱画。一棵树的松针只能采取一种画法，且大小和形状要统一。

枫树画法

　　枫树属落叶乔木，树皮呈深褐色，叶片为掌状，画叶时多用三角形勾，一笔或两笔画成一叶。

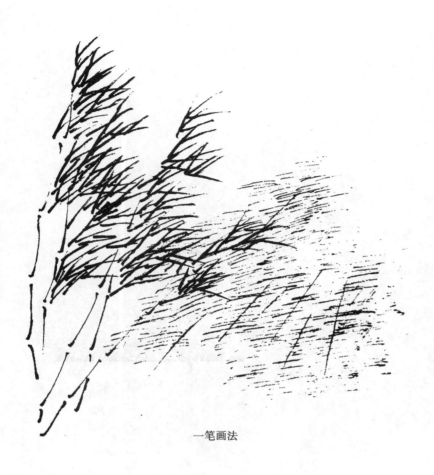

一笔画法

竹子画法

画竹先立竿,运笔自下而上,可一节一节来画,也可不分节一笔画成。画竿要有交错,不可画成条条平行线。画叶主要画大感觉,并具有自然的特点。竹可用细笔勾线法,也可用粗中性笔一笔画成。

勾线画法

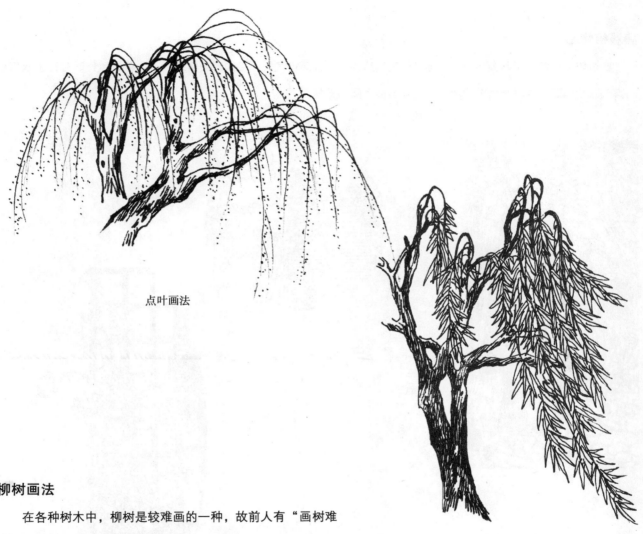

点叶画法

勾叶画法

柳树画法

　　在各种树木中，柳树是较难画的一种，故前人有"画树难画柳"之说，其难并不在树形与结构，而难在画出那种柔条垂拂的优美仪态。画柳树线条要流利飘逸、弯曲有致、刚中带柔、粗细均匀。梢末处需尖而细，有迎风摇曳之感。叶可用点，也可用勾叶的方法来表现。

藤蔓植物画法

在造园中经常会用到藤蔓植物，藤蔓植物的运用可渲染环境气氛，增加审美情趣。在画藤蔓植物时可采用双勾线的方法画叶和藤，画时画面要清晰，注意藤与藤之间的穿插。

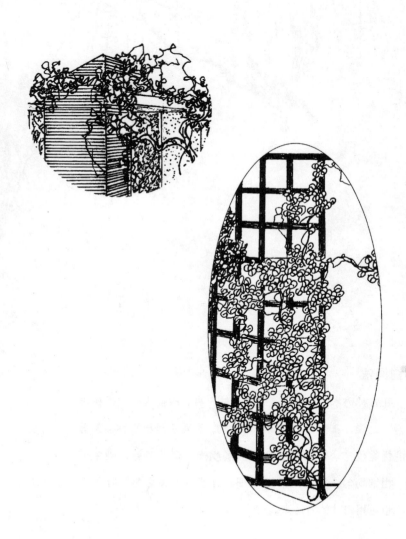

造型植物画法

造型植物是指一些植物经过修剪所形成的形态，如球形、矩形、弧形等。这些植物可用转折线画法来表现，表现时要注意光影、虚实、层次，以体现出植物的特点。

杉木画法

　　杉木属常绿乔木，树身高大而笔直，叶片呈线状，兼有松柏的某些特点，用线宜繁重，要表现出苍老刚劲、傲然挺立的姿态。

近树、中景树及远景树画法

　　近树一般要画得具体而微，不厌其详。中景树和远景树不必作过多刻画，中景树区分出树干与树冠，对两部分作简要的明暗刻画，远景树用虚线刻画即可。

草的画法

　　画草时要有耐心，下笔要注意快慢、轻重，应自上而下画，线段先轻后重、上细下粗、排列有序。绘画时可表现出平地草、山地草及坡地草间的区别。画水草多用勾线方法来表现，线条要轻便灵活、自如随意，要有长短、疏密、粗细的变化，和山石有机地结合在一起。

平地草画法

坡地草画法

水草画法

水的画法

　　水是生命的源泉，也是造园的要素之一。自古以来，山水和植物便结下难解之缘。水受气候、光照、地势等因素的影响，表现出多种多样的神采情韵，并能给人许多启迪。

　　水有流动的水、静止的水等，在表现时要注意黑白对比关系，应多观察水的形态，如湖面、水口、瀑布等。

瀑布画法

　　水流从落差较大的河床纵断面和悬崖峭壁上直泻而下，远望如挂白布。在造园中大多为人造瀑布，因此在画瀑布之前最好先到自然中去观察天然瀑布，体验瀑布的气势，捕捉住其奔放空灵、高空直落、势不可挡之势。在画瀑布时要抓住其形和神，用笔要果断、大胆。

瀑布的画法一

瀑布的画法二

设计稿。注意画面的黑白对比关系，画瀑布时用笔轻而肯定，组线错落有致，配景用来突出瀑布的主体地位。

中性笔表现手法

瀑布的画法三

以丰实的植物种类及造型突出瀑布凝练的气势。

瀑布的画法四

叠水的画法

叠水是指水由一层流向另一层，形成竖叠。叠水在造园中运用较广泛，画叠水要注意水与建筑物或山石间的对比关系，用笔不宜多，否则难以表现出叠水的气势。

叠水画法一

叠水画法二

叠水画法三

叠水画法四

叠水画法五

湖面水的画法

画湖面水要注意体现水的静,用笔时要注意轻重关系及水纹、倒影的有机结合。

湖面水画法一

园林造景与小品硬笔画法

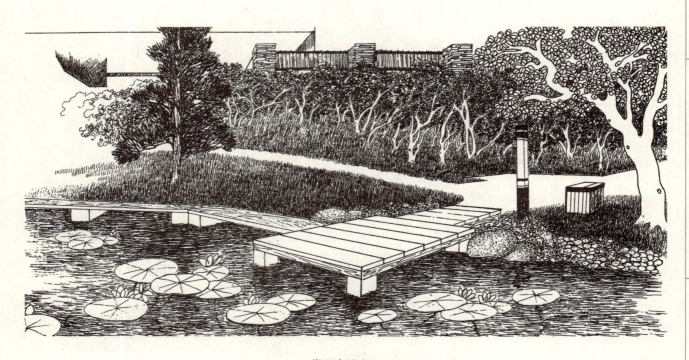

湖面水画法二

中性笔表现手法

湖面水画法三

山石画法

　　山石画法就是要运用各种技法,把山石的立体感、重量感与变化形态表现出来。通过用笔的轻重,以及线条的转折、长短曲直、横竖、虚实,来表现出凹凸阴阳的立体感。山石很接近几何体,用中性笔画时要肯定、准确地勾勒出其轮廓和结构线。绘画有"石分三面"之说,在勾勒时要将这三个面区分出来,再用排线的形式表现出它们的明暗关系。

　　排线是指表现山石、树等物象结构、纹理、质感及向背关系的笔法和技巧。它在艺术表现上的意义十分广泛,通过不同的线表现出山石的凹凸、阴阳关系,赋予物象体积感、光感、块面感,可以显现出山石的纹理结构和质地的软硬特征。

山石用笔要沉着、概括力强,以表现出山石的厚重感。

画山石的线条要有力、多变、转折而连贯,要表现出山石的质感。

灵璧石画法

灵璧石可独立成景，画时先用铅笔打轮廓线，再用中性笔由轻到重深入刻画石头的纹理结构，同时要注意用笔的轻重快慢。

灵璧石

壮锦石

壮锦石画法

壮锦石有较强的张力,画时线条要曲折有力,同时要处理好山石的受光面和背光面。

太湖石

太湖石画法

　　一两块太湖石亦可独立成景，表现时线条要流畅确定，用曲线表现出太湖石的结构特征。

片石

片石画法

　　片石是由许多块山石组成的景观,画时要注意整体感、层次感。

中性笔表现手法

秀石

秀石画法

　　秀石可独立成景，画时应注意山石的纹理结构和质地特征。

磐石

磐石画法

　　磐石独立成景，画时要注意线条的组合，不可凌乱。再者要处理好亮面和暗面之间的关系，表现出磐石的结构特征。

综合景观及写生作品

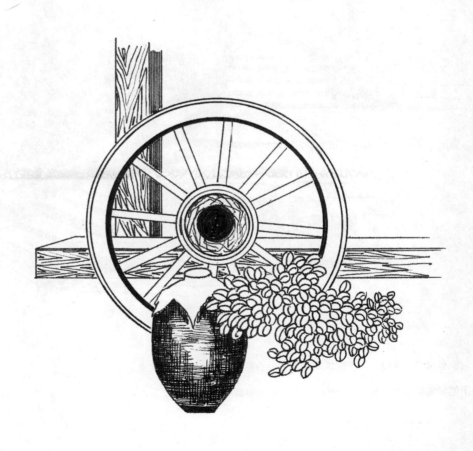

老房子写生稿。写生时首先观房子、台阶、地面间的透视关系，下笔时先画出大的轮廓线，然后再细心刻画细部。

注意运用虚实变化来创造意境。

设计稿。石桥、静水、丛树、睡莲、叠石、水生植物等是创造景园的主要元素，配合得当就能创造出佳色。

综合景观及写生作品

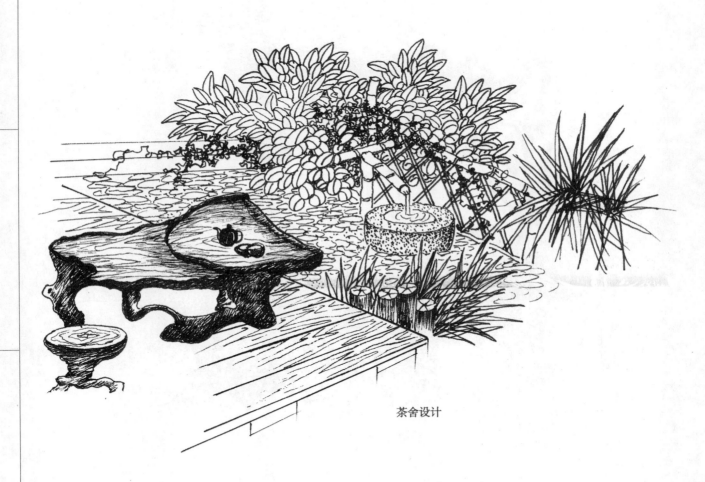

茶舍设计

庭院设计。在设计手法上突出"静"的理念。
精心刻画每一处细节,用笔须简洁明快。

综合景观及写生作品

自然景观设计。在表现手法上要注意树的层次及山石与水面的黑白对比,以求充分展示景观的可视性。

写生稿。要注意光影的运用和线条的组合，投影要自然流畅。

综合景观及写生作品

池边造景营造出一种休闲、静谧的意境，注意山石的大小搭配及整体效果。

写生稿。在画山石时首先要注意山石和水的关系。山石刻画到位后流水便自然形成，树可画得随意些。

综合景观及写生作品

写生稿。近景树用勾线方式表现，和建筑物形成对比，同时建筑物后面的植物以较重的线画出，衬托出建筑物和近景树的树冠。

写生稿。在表现山石时要注意山石的整体关系,画局部线条要有轻重之分,以体现出山石的质感。

设计稿。在一块长方形的坡地上,放几块山石,搭配常绿、落叶植物,四季都有观赏价值。

设计稿,湖岸农家小吃店设计。依自然地形合理布局建筑、植物,使其融入清山秀水中。

综合景观及写生作品

设计稿，宾馆后院设计方案。在原有地形上布置溪流、桥、植物、篱笆等，营造自然和谐的景观。

设计稿。在表现山石时要注意整体效果,先画出山石的大轮廓,然后再细致刻画局部,同时要注意水的流动性。

综合景观及写生作品

写生稿。画时注意线条变化要自然,抓整体效果。

具有南方风情的景观效果图。画时应注意棕榈的特征，画叶时可先勾出大形，然后深入刻画，表现出叶子的光感和层次感。

综合景观及写生作品

设计稿。别墅前没有太多的铺装,草和水生植物直接相连,大小不等的太极球为环境增添了一份空灵。在创作时应注意用笔轻重及线条的变化。

设计稿,人造树林。要注意树的结构关系,注意枝条间的穿插。

　　设计稿。树木布置安排要合理，桥、道路要画得清楚，注意山上流水、亭、山势的细节表现，以及各景物间的比例关系。

设计稿。具有南国情调的设计，画山石时要注意整体布局，不能将山石摆放得过于零乱。

设计稿。虚幻的远山,写实的近景,荡漾的池水,不经意间形成一个空灵、静谧的世界。

别墅门前设计

综合景观及写生作品

别墅门前设计。起伏的坡地,蜿蜒的溪水,曲折的园路,淡雅的荷花,这一切都在表达自然的气息。

自然景观设计效果图。图中入口处设计有浮桥，桥下铺卵石。设计根据原有地形配置植物，对藤本植物采用双勾法画叶，要注意藤枝间的穿插。常绿植物（如图中刺柏、松树和竹等）可用粗笔来画，用笔要重。画落叶植物要注意树的形态变化。

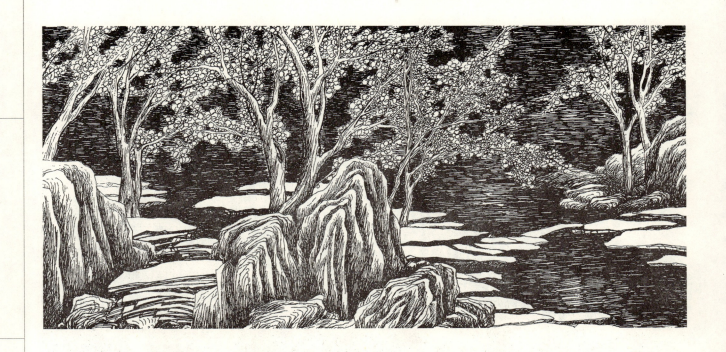

　　夜景的表现手法，注意黑白对比关系，大面积水面需画两到三遍，和梅花产生对比。同时注意梅花和踏步石结构关系，使水、石、植物三者之间协调。

园林造景与小品硬笔画法

设计稿,石林。立石碑于自然景区内,碑上题刻名人书法,为景区增添了文化内涵。

设计稿。规则式设计,左右对称,体现出人改造自然的能力。

园景石灯。可先画石灯后补景,注意石灯和环境的对比关系。

综合景观及写生作品

这是一幅园景门写生稿，画前先分析景观透视，山石、植物、门等所处位置确定后，由前向后逐步完成。

写生稿。用笔要准确自然，既画出庭院的沧桑感，同时又要有生机。

综合景观及写生作品

写生稿。大树为主景，其他为配景。画时应突出对主景的刻画，配景要注意透视准确、用笔简练，也可用虚笔带过。

设计效果图。对平行透视图,可先用铅笔、直尺画出各部的透视关系,然后用中性笔从前到后画出各部分景观。注意用笔不要太重,可由浅入深反复进行、仔细刻画。

综合景观及写生作品

通过对比元素间精确的质与量的设计，打造出似山泉瀑布的自然景观，表现手法为钢笔素描。

大门入口设计效果图。具有南国情调,简约明快。该区域内选取的主要植物为棕榈、玉兰,造景有水幕墙、铁艺门和铁艺桥。

综合景观及写生作品

朴素的造型，典雅的环境。

住宅小区景观一角

综合景观及写生作品

水口景观造型

园林造景与小品硬笔画法

景园一角

综合景观及写生作品

水岸写生

在表现自然景观时,要注意山石、石路及不同植物的特点。画面要丰实有层次,切不可乱。

树下自然堆石，并以常绿植物相衬，对比鲜明又简单明快。

园林造景与小品硬笔画法

写生稿。运用对比关系体现树林层次感。

综合景观及写生作品

　　写生稿。画时注意山石的整体效果，要画出山石凹凸关系及受光面和背光面。画竹子时要注意竹竿的穿插和竹叶的变化。

园林造景与小品硬笔画法

写生稿。注意黑白对比，体现山石的精神。

综合景观及写生作品

在写生雪松时,要画出它的内在精神,画出它伟岸挺拔的气势,同时下笔要干脆有力。

秦岭山写生。注意前后层次、虚实变化。

写生稿。石桥、景石、水面、荷花、丛树间的关系要合理安排，处理得当会使画面层级分明、立体感强，尤其要注意山石的结构。

设计稿。松、树、石是园林小品经常用到的元素，处理得当便富有诗意。

综合景观及写生作品

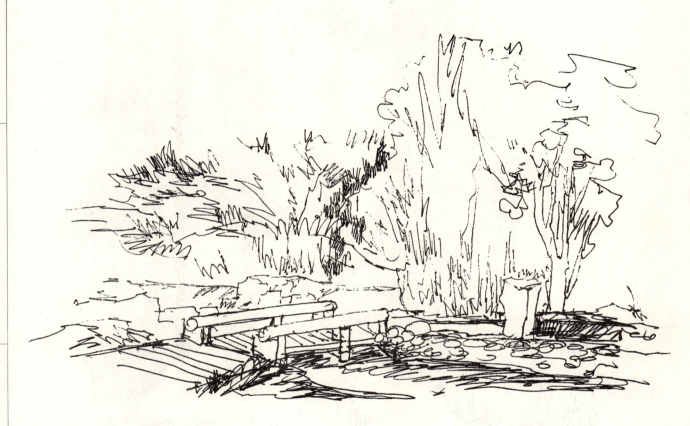

写生稿。线条要自然流畅有节奏感。

用勾线的方法画出山石结构关系，线条要准确，尽量不要重复，植物表现要丰实有变化。

设计稿。人造山石流水，似天然泉水之涌流。

园景小路的表现

综合景观及写生作品

写生稿。古老的雪松要画得苍劲有力度,整个画面充分体现了自然的视觉效果。

局部景观效果图。用清晰的线条表现出景观的特点，注意黑白对比。

这是一幅用勾线方式表现的园林效果图。

画时线条要自然,不要重复,注意整体效果。

休闲场地设计

园林造景效果图

度假景区农家乐酒馆设计效果图。利用当地石材作外观装饰材料,同时体现出乡村特色。

农家乐酒馆图二

农家乐酒馆图三

综合景观及写生作品

造型植物与空灵球有机结合,营造出的童趣,演绎着现代人的审美观念。

南国情调造型

铺装设计效果图

具有汉代风格的宾馆、博物馆大门设计效果图。

综合景观及写生作品

欧洲风情园景写生稿

此图主要表现了夕阳余晖下景观的光感效果。

表现近景丛树时，要注意主干布置及根部的错落有致。卵石线条光滑，浑然一体。

园景设计效果图

综合景观及写生作品

花架水岸设计效果图

幽深园景中的石灯,似神秘地阐述着佛的渊源。

花架效果图。片石柱子、天然石材柱、木质材料的架子及文化墙有机地结合在一起,形成有特点的景观小品,具有较强的观赏性。

水岸设计效果图。注意小树林的表现方法，自然形象是绘画首要解决的问题。

综合景观及写生作品

丛树的表现要注意树的结构及用笔的粗细，并运用对比的手法。

丛树的表现

综合景观及写生作品

丛树及水口的表现

用勾线的形式表现出巨石的形态,与之相呼应的是重笔的植物。

综合景观及写生作品

园林小道的表现要自然、随意。

　　画山泉要有张力，表现出强烈的动感，以突出水的主题。

综合景观及写生作品

这是一幅利用素描形式描绘的自然景观，线条组织有序，轻重、光影都得到较好的体现。

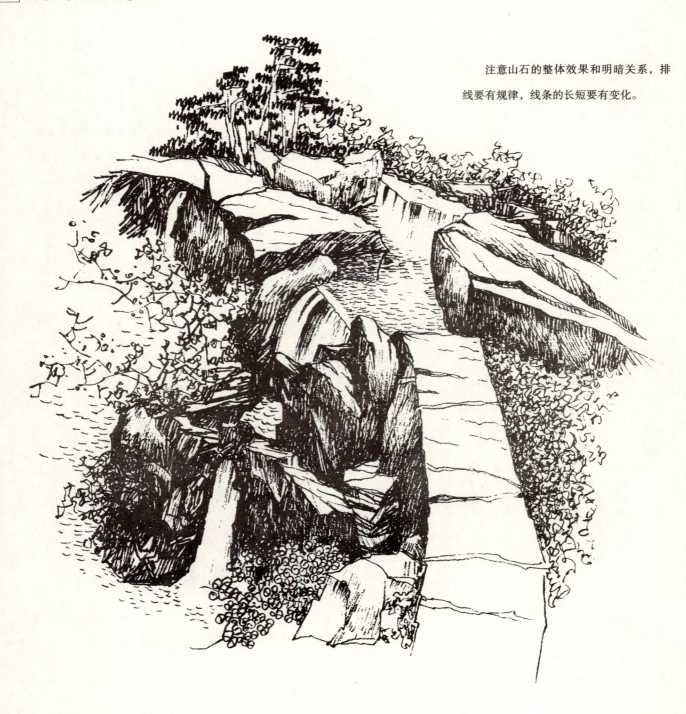

注意山石的整体效果和明暗关系，排线要有规律，线条的长短要有变化。

综合景观及写生作品

　　这是一幅俯视作品，画时注意山石植物等不要提得太高，不然视觉会发生变化。

园林造景与小品硬笔画法

建筑和植物始终是造园者研究和探索的对象，出色的景观会激发出人们许多的想像力。

石灯在花丛中的表现形式。画时要注意石灯的整体效果及对比效果,力求突出石灯。

庭院写生稿。画时要表现出植被的层次，同时注意用笔的灵动性，由浅入深刻画。

综合景观及写生作品

花园一角。青石板、自然生长的植物和修剪过的植物构成和谐的画面,画时要注意自然属性和人为属性的有机结合。

写生稿。写生有速写和慢写之分,速写在较短时间内完成,只将对象的大概轮廓画出。慢写需要用较长的时间来刻画,对象应更加清晰明了。这就是一幅慢写生稿。

综合景观及写生作品

这是通过写生创作出的一幅作品：将几幅写生稿结合在一起而完成的。其中芦苇、山石为一部写生，水岸植物为一部写生，建筑和远树为一部写生。

园林造景与小品硬笔画法

　　这是一幅习作，先根据透视关系画出建筑，再画水生植物、景石、竹子等配景。

综合景观及写生作品

苍松、杂树、草、山石结合在一起形成一幅古老厚重的景观，给观者宁静的思考。

设计稿。由山石、流水、迎客松、杂树等组成的园林景观，在表现时要注意水的动感、松树的高低及前后变化。

综合景观及写生作品

写生稿,江南小景。此作品反映出雨过天晴后的景观,画时表现出清晰的笔触及投影、倒影等关系,用笔简练、明快。

雪景写生稿。可先用铅笔画出轮廓线，然后用 0.38mm 中性笔来画。画时注意留白及虚实结合，表现出一种瑞雪丰年情趣。

设计稿,庭院百花园一角。白石和品种不同的花卉组合在一起形成盎然生机。画时要有节奏和层次感,处理要细心,不断深入刻画。

写生稿,庭院小景。画时要注意透视关系、黑白对比关系、山石的变化、植物的布局以及建筑物的特征。

某艺术馆设计方案。按几何形修剪的植物在这幅作品中得到了较好的体现，与高大的乔木相得益彰。

设计稿。注意建筑和植物的对比关系。用铅笔和直尺画建筑初稿,定稿后再用中性笔来画。线条要流畅,不要有断线出现。

在表现勾线山石时要画出山石三个以上面才会有体积感,芭蕉勾线要流畅自然,富有变化。建筑暗部需画两到三遍,以形成质感对比,突出木结构特征。

园林造景与小品硬笔画法

　　设计稿。现代园林景观中,许多景观设计者开始思考把过去一些生产工具(如木车、石碾等)运用到景观造型中,表现出一种亲切的田园情趣。

综合景观及写生作品

此图先画近景梅花，画时要注意枝条的变化、转折和穿插。画花时用笔要轻，大小圆排列要自然，不可太多。然后画水岸、水面及草堂，注意它们和梅花的对比关系。

设计稿，宾馆餐厅门前一景。陕西省的榆林、延安等地生长有箭柳，当地人称之为"馒头柳"。这种树木主干粗壮，大小分枝直接从主干顶部生出，枝条笔直而挺拔，具有浓郁的地域特色。该设计中即选用了箭柳作为造景元素。

综合景观及写生作品

细心刻画山石结构，注意流水、静水之间的关系。

由写生稿再创作的一幅景观效果图。通过水生植物、山石、大树、张拉膜造型及人物间合理搭配，组成具有时代感的园景。人物在这里起到了比例尺的作用。

综合景观及写生作品

雪景写生稿。画面体现了黑白对比关系，留白处柔和、自然、浑厚，通过准确、清新、鲜明且变化有序的线条结构使画面浑然一体。

在该景观中较难表现的是流水，画水时用笔要轻而简练，注意水的黑白对比。建筑透视要准确，同时要把握好植物的形态。

综合景观及写生作品

水岸、草亭、植物等之间的关系要协调。画草亭时要对其屋面进行深入刻画,线条不要太长,用笔要轻,能画出虚实变化的线条更好。

设计稿,民俗村设计景观一角。玫瑰、芭蕉、土陶罐、彩叶植物和流水等组合在一起,形成具有民间艺术特色的园景。画陶罐时要表现出它的质感。流水要和墙面结合在一起画,画墙面时留出水的空白。从墙头伸过的蔷薇,丰富了景观的视觉效果。